INITIATION

A LA

MALADIE CHRONIQUE

(ou aux Affections régressives)

AU

REMÈDE

(ou aux actions pathogénétiques des eaux minérales)

RÉNOVATION HUMAINE

———)-✶-⦅———

Et Paraphrase du « **Delenda Phthisis** »
DE M. LE Dr PIDOUX

PAR LE DOCTEUR C. GAUBERT

(DE SALELLES-D'AUDE)

PAU

Imprimerie Nouvelle. — Place des Écoles.

—

1876

INITIATION

A LA

MALADIE CHRONIQUE

(ou aux Affections régressives)

AU

REMÈDE

(ou aux actions pathogénétiques des eaux minérales)

RÉNOVATION HUMAINE

—— ·—×—· ——

Et Paraphrase du « **Delenda Phthisis** ›
DE M. LE Dʳ PIDOUX

PAR LE DOCTEUR C. GAUBERT

(DE SALELLES-D'AUDE)

PAU
Imprimerie Nouvelle. — Place des Écoles.

—

1876

AVANT-PROPOS

Pendant près de vingt ans nous avons fréquenté les eaux minérales, d'abord pour nous guérir, ensuite pour conserver une santé reconquise.

Dans les nombreuses stations où nous avons séjourné, nous avons toujours été frappé de l'inintelligence et de l'incohérence avec lesquelles la plupart des malades se servent d'un incomparable remède. Comme s'ils étaient plongés dans d'épaisses ténèbres, tantôt ils s'irritent d'une lenteur qu'ils ne comprennent pas, tantôt ils se précipitent et aggravent leur situation, et en fin de compte se désespèrent après avoir gaspillé et le temps et l'argent.

Les médecins font partout tout ce qu'ils doivent et tout ce qu'ils peuvent. Mais que pourrait faire un écuyer, quelque excellent qu'on le suppose, qui voudrait gouverner vingt ou trente coursiers impatients, pleins de feu et tous complétement aveuglés! la plus sûre et la meilleure des habiletés ne serait-elle pas de dissiper les ténèbres et de faire cesser les émotions et les épouvantements de l'inconnu?

Nous avons toujours pensé que chaque malade devait être initié et à la maladie et au remède, à la génération de l'une et aux actions pathogénétiques de l'autre, à toutes les nécessités et à toutes les péripéties de la médication. Nous avons toujours pensé que chaque malade devait être et pouvait être pour son médecin un aide instruit et dévoué, capable de le suppléer dans les détails imprévus d'un traitement le plus souvent long, capable surtout d'en comprendre les instructions et de les suivre avec intelligence et avec intérêt.

Comment se passionner pour ces admirables et merveilleuses actions qui vont se développer sous l'influence des eaux si l'on n'en soupçonne pas même l'existence? Comment doucement et patiemment les solliciter, adroitement et avec ténacité les entretenir si l'on n'en con-

naît ni l'importance, ni la signification ? Comment passer
d'une eau minérale à une autre, de l'activité au repos
pour revenir encore à la lutte, lutter toujours et longtemps si l'infortuné malade n'en voit pas l'absolu besoin
pour affaiblir et abattre l'ennemi et l'anéantir ?

C'est pourquoi nous avons publié ces quelques mots
sur les affections régressives et sur les actions pathogénétiques des eaux minérales. Aussi bien il serait temps de
s'attaquer avec ensemble et tous ensemble à toutes ces
maladies qui sont l'opprobre de l'espèce humaine et que
l'apathie des uns et le découragement des autres n'ont
que trop perpétuées jusqu'à ce jour.

DOCTEUR C. GAUBERT.

AVIS

« Les gens faibles de caractère, les imbéciles d'esprit, n'ont véritablement pas de chance de guérison dans les maladies graves : on ne peut pas leur faire comprendre la gravité de leur état ; ils font tout ce qui leur plaît, se passent tous les caprices du moment, et souvent regardent le médecin ami qui tâche de les éclairer et de les guider comme un tyran qu'il faut tromper et induire en erreur. Je le répète, ces personnes n'ont pas la moindre chance de guérison. Elles n'ont pas assez de bon sens pour suivre les bons conseils qu'on leur donne, ou pour saisir la main secourable qu'on leur tend en toute amitié et sympathie. Elles ne veulent sacrifier ni les plaisirs, ni l'argent, ni l'ambition, pour tâcher de ressaisir la vie qui leur échappe.

« En un mot, je regarde un esprit faible, vacillant, indécis, ou une appréciation exagérée des jouissances et des possessions de la vie, comme un élément de pronostic aussi défavorable qu'aucun. De telles conditions mentales rendent la guérison presque impossible, quelque favorable que soit le cas sous d'autres points de vue.

« Le combat pour la vie, sans aucun doute, ne peut pas être livré par les pauvres avec des chances de succès aussi bien que par ceux qui se trouvent dans une position sociale plus avantageuse ; il y a toutefois, même pour eux, des chances de guérison s'ils font tout ce qu'ils peuvent. » (Dr J.-H. BENNET.)

INITIATION

À LA

MALADIE CHRONIQUE

(ou aux Affections régressives)

Apprenons d'abord ce que c'est qu'une diathèse. C'est une disposition héréditaire ou acquise à produire un principe morbide qui par intervalles se déchargera sur tels ou tels systèmes de tissus ou d'organes, selon l'espèce. Il importe de noter 1° que tant que la disposition existera, le besoin de cette décharge intermittente sera invincible, incoercible et 2° que la vie sera dans un danger médiat ou immédiat, dès que l'explosion critique ne se fera plus sur les tissus de prédilection.

Nous devons ajouter, à titre de corollaire, que la diathèse peut s'épuiser ou, ce qui est bien différent, dégé-
nérer dans l'individu et dans la famille. Cette dégénération, cette incapacité pour les efflorescences naturelles
ou critiques est la cause d'une dyscrasie, d'une infection
humorale diathésique qui, à son tour, sera la source et
le point de départ des maladies les plus variées et les
plus graves.

Maintenant supposons un goutteux (l'exemple n'est
pas des plus communs mais il est des plus simples et
facile à suivre) qui veut se débarrasser de sa goutte,
non pas en vivant comme ceux qui ne l'ont jamais, mais
en en atténuant ou dérivant les accès à la fois douloureux et salutaires au moyen de ces ingrédients divers,
pilules, teintures, vins, dits anti-goutteux. Les explo-
sions critiques si redoutées diminueront en effet ou s'é-
loigneront et notre malade commencera à s'applaudir
d'avoir échappé à si bon compte à l'une et à l'autre servitudes également hostiles, la servitude de la douleur ou
la servitude d'un régime sévère et d'un travail exclusi-
vement corporel ; mais l'illusion ne sera pas de longue
durée. (N'est-ce pas pour s'être affranchies de certaines
servitudes, sueurs particulières, suintements dartreux,

hémorroïdes, etc., avant d'avoir épuisé la diathèse, qu'un si grand nombre de personnes sont affectées de lésions viscérales ? Et tant d'autres, issues d'une famille entachée d'un vice diathésique, ne sont-elles pas également atteintes pour n'avoir pas voulu d'une servitude même provisoire et de précaution ? Des servitudes, on n'en veut d'aucune sorte : aussi le tribut à la maladie et à la mort est plus effroyable que jamais.)

Une irritation sourde et indéfinie se fera bientôt sentir, les digestions deviendront de plus en plus laborieuses, une teinte blafarde envahira l'enveloppe cutanée, les forces s'affaisseront et nous pourrons voir enfin tous les symptômes d'une infection goutteuse. Cette dyscrasie oscillera peut-être quelque temps encore dans les humeurs, tantôt poussée vers ses voies de prédilection par les puissances de conservation, tantôt repoussée par une médication insensée vers ces mêmes puissances qu'elle finira par vaincre, stupéfier ou anéantir.

Que si le molimen dyscrasique, au lieu de foudroyer le cœur ou le cerveau, se porte sur le poumon et par des décharges successives, nous aurons, après quelques préliminaires catarrhaux et congestifs, la tuberculose pulmonaire goutteuse c'est-à-dire une affection régressive. (La tuberculose goutteuse, assez rare chez les ascendants qui ont connu la goutte franche, est plus fréquente chez les descendants qui n'héritent souvent que d'une goutte dégénérée).

Nous aurions pu présenter des exemples plus familiers et plus personnels à une partie de nos lecteurs (angines, laryngites, dyspepsies, tuberculoses herpétiques), mais ils auraient exigé des développements qui nous auraient fait sortir du cadre que nous nous sommes tracé.

Ainsi les affections régressives sont engendrées par des régressions sur des tissus et sur des organes de produits diathésiques déviés accidentellement (violemment comme chez notre goutteux) ou naturellement (diathèses dégénérées et incapables) de leur champ propre de dépuration. Ces affections peuvent revêtir toutes les formes, dans l'individu et dans la famille, depuis celles de la simple névralgie et de la couperose jusqu'à celles de la Phthisie et du Cancer. (On sait aujourd'hui que le cancer et la tuberculose alternent souvent dans la même famille; on savait déjà que ces deux affections revêtent des formes différentes et se localisent différemment selon l'âge, le sexe, l'accident; on savait aussi qu'il est des milieux dans lesquels elles n'existent pas. Que conclure si ce n'est que la tuberculose et le cancer sont des maladies contingentes et non des maladies fatales, des formes morbides et non des entités morbides, qu'elles ne sont en un mot que des produits d'une régression diathésique ? On oublie trop que nous datons de loin ; et il est à regretter que l'idée si vraie, si philosophique du péché originel n'ait pas inspiré à quelques-uns de ces grands médecins qui nous ont précédés une de ces formules qui frappent les esprits et qui aurait rappelé aux hommes qu'avec la régénération des âmes il fallait également songer à la régénération des corps).

M. le docteur Pidoux n'entend pas les affections régressives de cette manière. Pour lui, les affections ou maladies régressives sont des maladies d'origine constitutionnelle ou diathésique qui dégénèrent dans l'individu ou dans la famille (arthritisme, herpétisme qui cessent d'être francs), qui régressent c'est-à-dire qui « descendent de type » (couperose arthritique, chlorose, angine herpétiques), dégradent d'autant l'économie et la conduisent jusqu'à la maladie ultime par excellence (Phthisie).

Il nous semble à nous, s'il n'y a pas trop de témérité à penser autrement que cet illustre médecin, que ce sont les produits diathésiques eux-mêmes qui, en quittant les tissus de dépuration choisis par la nature, pour chaque espèce, dégradent la constitution et y font naître, selon les organes et des conditions et accidents divers, d'emblée ou successivement, de l'irritation et de la douleur (névralgies), des flux muqueux ou muco-purulents (leucorrhées), etc..., des tubercules celluleux ou caséeux, du cancer celluleux ou amorphe.

Et ces produits diathésiques régressent de nature et de fait: de fait, puisqu'ils se déplacent et se portent d'un tissu sur un autre plus profondément situé ou plus important; de nature, de type, dans le sens ci-dessus, puisqu'ils deviennent moins éliminables et plus destructeurs qu'ils ne l'étaient. Nous avons donc cru pouvoir désigner sous le nom d'affections régressives toutes les affections qui auraient ou qui pourraient avoir pour origine une régression diathésique.

Il est des qualifications, du reste, qu'on devrait remplacer parce qu'elles sont inutilement sinistres et désolantes. Après tant de cures merveilleuses par les eaux minérales, tant de résurrections de prétendus incurables, il ne peut plus y avoir de ces mots qui emportent avec eux et *a priori* l'idée d'incurabilité : c'est à l'incurabilité elle-même dorénavant à mieux s'affirmer. Avec nos affections régressives (et quel que soit le complément pathologique qu'on leur donnera : Affection régressive à forme tuberculeuse, etc...) avec des affections, disons-nous, dont les origines sont connues, dont le remède puissant, héroïque est partout, dans nos plaines et sur nos montagnes, ce sera la foi chez le médecin, l'espérance inextinguible chez le malade et par conséquent la guérison nécessaire et certaine.

Cette première partie de nos explications étant bien comprise, nous passerons à la seconde : des actions pathogénétiques des eaux minérales.

INITIATION

AU

REMÈDE

(ou aux actions pathogénétiques des eaux minérales)

Sans insister sur ce qu'il y a de mystérieux dans l'existence de ces eaux, dans leur composition qui ne comprend que des éléments bienfaisants, dans la constance de leur constitution, dans le caractère du calorique qui leur est propre, faudra-t-il bien cependant s'émerveiller devant cette action tout à la fois excitante, révulsive, dépurative et reconstituante qu'elles possèdent et qui répond à toutes les nécessités de la médecine ! Pour

2

des hommes de la valeur et de l'honnêteté profession-
nelle d'un Bordeu, d'un Hufeland, elles auraient en
outre des propriétés électives surprenantes, « véritables
Protées qui savent toujours parvenir au but que la nature
a en vue, quand elle n'a pas été définitivement vaincue
par la force du mal. » Les vertus des eaux minérales
nous ont toujours paru être telles qu'elles suffiraient à
toute tâche, quelque grande qu'elle fût, si on les connaissait
mieux et si surtout on s'en servait mieux. (Il ne nous
est plus possible de croire à bien des incurabilités tant
qu'une ou plusieurs médications minérales n'auront pas
été scientifiquement employées.)

Mais que de mauvaises habitudes à déraciner et que
de préjugés à combattre touchant l'opportunité, la saison,
le lieu, la quantité, le mode et la durée; que de chan-
gements à faire dans la conduite désordonnée et désas-
treuse de nos baigneurs modernes! Qui est-ce qui se
souvient qu'il est dans un sanctuaire de la santé où il
n'aurait dû entrer qu'avec recueillement et où, loin du
bruit, des agitations vaines et des assujettissements de la
foule, il ne devrait avoir qu'une préoccupation, celle de
la fièvre médicatrice, expression d'une mêlée générale
entre tout ce qui veut la vie et tout ce qui veut la mort?

Même dans ce bruit et dans ces intempérances (à la
mode depuis l'envahissement des stations minérales par
les oisifs et les désœuvrés) ce n'est que quinze jours
qu'on accorde généralement pour se dépouiller du vieil
homme ; les plus charitables vont jusqu'à vingt-et-un !
Et « nonobstant toutes les choses contraires à ce »
elles font encore des cures admirables, ces eaux dont
Alibert disait qu'elles étaient le témoignage d'une Providence qui se mettait en sollicitude pour nous procurer
un grand bien et une preuve toute spéciale de sa bonté
rivalisant avec sa puissance !

Tout à l'heure nous avons prononcé le mot de fièvre
médicatrice : qu'entend-on par là ? C'est le réveil de ce
que Bichat appelait les forces végétatives latentes et de
ce que les anciens appelaient les forces centrifuges. Cette
fièvre médicatrice, cette excitation minérale réparatrice
doit, non pas s'ajouter à la fièvre pulmonique ou autre,
mais se placer parallèlement à côté ; elle doit venir péné-
trer, animer, désenchaîner les puissances de conservation
sans irriter des humeurs et des organes irritables depuis
leur contamination par le produit septique ou diathésique et toujours prêts à entrer dans une conflagration
générale. Ce sera sous l'influence de cette excitation

graduée, progressive, patiente, intelligente, alimentée et soutenue tantôt par une eau minérale tantôt par une autre, selon le besoin, qu'on verra se dérouler le tableau des actions pathogénétiques que nous avons annoncées.

Nous aurons dès le début une tension dans l'appareil circulatoire, artères et veines, et dans l'appareil lymphathique, la peau prendra une teinte plus vive et une chaleur moins sèche et moins âcre, la physionomie du malade deviendra plus ouverte, les symptômes locaux eux-mêmes, à l'allure moins spéciale et plus franche, annonceront que le travail réparateur est commencé.

Ce qu'on ne saurait trop retenir c'est qu'à chaque phase, à chaque moment de ce travail, l'excitation peut devenir de l'irritation et celle-ci empêcher ou arrêter les éliminations qui seraient la résolution de la maladie ou, ce qui est pire, transformer notre remède excitant en un élément d'inflammation et de destruction.

Les éliminations se dessinent, elles se feront par une seule voie ou par chacune des voies successivement ou par toutes les voies de dépuration à la fois, les reins, le foie, les muqueuses intestinale et pulmonaire, la peau : les appareils musculaire et nerveux et le moral lui-même, partageant l'excitation générale, pourront contribuer à notre résolution.

Il y aura des éliminations qui seront plus véritablement critiques que d'autres, par exemple, des sueurs
poisseuses et à odeur hircine chez tel individu, des matières alvines à odeur bilieuse chez un autre, à odeur
putride chez un troisième, une expectoration abondante
avec une couleur, une odeur et une saveur particulières
chez tels autres, des sédiments urinaires blancs ou rou-
ges ou noirs, des calculs de natures et d'origines diverses, etc., etc... Il y aura aussi, si le médicament n'est
pas celui du moment ou du tempérament ou de l'idiosyncrasie ou de l'âge ou du sexe, des éliminations ou
inutiles ou fausses ou aggravantes.

Il y aura enfin des éliminations qui ne seront plus
seulement des dépurations mais qui entraîneront à leur
suite des produits diathésiques rétrogressés ou rétrogra-
dés disparus depuis longtemps de leurs tissus de prédilection, soit par le fait d'une dégénération dans l'individu ou dans la famille, soit par le fait d'un traitement
insensé ou absurde.

La revivification et une localisation propre à chaque
diathèse seront le couronnement de la médication et le
triomphe de l'art.

Il nous reste à souhaiter aux personnes qui auront lu ces quelques mots sur les Affections régressives et sur les actions pathogénétiques des eaux minérales de bien se souvenir que ce ne sera pas par des remèdes, dits spécifiques, qui flattent leur impatience et leurs désirs (et ne servent que trop souvent de prétexte à l'instabilité et au caprice) ou par des traitements que l'engouement du jour fait commencer et que le dégoût du lendemain fait rejeter qu'on viendra à bout de maladies constitutionnelles, profondes, *totius substantiæ,* invétérées, vieilles quelquefois de plusieurs générations, mais seulement par des médications minérales, parce qu'elles seules sont puissantes et profondes aussi, médications qui devront être bien ordonnées, patientes et tenaces, tenaces comme le mal : *qui naturæ non obtemperat, naturæ non imperat.*

Nos maladies, en général, ne naissent que de nous et par nous.

« Les maladies aiguës seules ont le ciel pour auteur. »

« L'épine métaphorique » des maladies, en général, est constituée par un produit diathésique dévié occasionnellement ou naturellement de ses tissus de dépuration.

Les eaux minérales seules peuvent prévenir, arrêter ou guérir les maladies chroniques parce qu'elles seules s'adressent à l'ensemble de l'organisme, en modifient à la fois les diverses fonctions, pénètrent jusqu'aux actions les plus intimes de la nutrition et s'y confondent avec la nature elle-même.

Leurs procédés sont les procédés mêmes de la nature. (Voilà qui distinguera toujours les eaux minérales des remèdes pharmaceutiques, si utiles, si indispensables qu'ils soient dans le cours d'un traitement minéral.)

Avec un emploi plus judicieux et persistant des eaux minérales, l'espèce humaine s'affranchirait de cette multitude de maladies qui l'affligent, la torturent et la déciment.

Les diathèses franches relèvent principalement de la diététique.

Les diathèses dégénérées relèvent à la fois de la diététique qui seule peut épuiser une diathèse et des eaux minérales qui, agissant comme une seconde nature, repoussent et fixent les efflorescences diathésiques (fatales quand elles sont déviées) sur les tissus déjà choisis par cette nature, affaiblie, paralysée ou enchaînée dans les diathèses dégénérées.

Dans la plupart des familles entachées d'un vice humoral on s'applaudit volontiers de ne pas en voir des manifestations chez les enfants, bien qu'on n'ait rien fait pour épuiser la diathèse dont ils ont dû nécessairement hériter. Si le médecin, après avoir initié ces familles au travail infectieux et destructeur des diathèses dégénérées et incapables, donne les conseils de la plus vulgaire prudence, leur morgue et leur insanité se révoltent; et dans quelques années on pourra voir les malheureux enfants, comme certains damnés de l'Enfer du Dante, blasphémer Dieu et leurs parents, l'humanité et la patrie, le moment de leur naissance et la semence de leur semence et la semence de leur enfantement :

« *Bestemmiavano Iddio e i lor parenti,* »

« *L'umana specie, il lungo, il tempo e 'l seme* »

« *Di lor semenza e di lor nascimenti.* »

Cette insanité et cette morgue sont les deux plus grandes causes de l'abâtardissement de l'espèce humaine et
de sa mortalité.

Les eaux minérales étant comme une « nature cou-
lante » c'est-à-dire de la santé et de la vie, un état bien
organisé devrait avoir le monopole de ces eaux pour les
mettre à la portée de tout le monde.

Les géologues ont essayé d'expliquer l'origine et la
formation des eaux minérales ; mais leur composition,
la constance de leur constitution, le caractère de leur
calorique, leur perpétuité à travers les siècles seront
toujours au-dessus des explications et des lumières des
géologues.

Quelque héroïques que soient les eaux minérales il
ne suffira pas toujours d'en prendre à de certaines épo-
ques et comme en se jouant. Bien des malades au con-

traire sont condamnés à un traitement minéral pendant
des mois entiers, des années entières. La vie ne sera
qu'à ce prix, de même que pour des millions d'êtres
humains le pain de chaque jour ne sera que le prix d'un
travail incessant et sans relâche : misère pécuniaire d'un
côté, misère vitale de l'autre. Passe encore si le travail
était toujours facile et gai et si le remède n'excédait pas
les ressources ; mais il en est ainsi et malheur à qui fai-
blira dans la lutte tant que la lutte sera nécessaire.

Avec une conception nette des affections régressives
et des actions pathogénétiques des eaux minérales, l'emploi de ces eaux sera facile, attrayant même. Le malade
pourra en suivre les effets, assister aux péripéties diverses de la médication, entrevoir le résultat final et se con-
soler à l'avance de ses sacrifices et de ses efforts.

Quand on se représente les infractions innombrables
que l'inexpérience, l'inconduite et les exigences socia-
les elles-mêmes font commettre contre les lois de l'hygiène et les troubles et les désordres que la meute hur-
lante des passions porte dans les puissances de la vie,

on ne peut qu'admirer la sagesse des anciens qui nous avaient légué le cautère comme un émonctoire nécessaire pour les viciosités humorales de nos ancêtres et pour nos propres viciosités.

Mais, par suite de cette tyrannie qu'on appelle la Mode, ce dérivatif et ce préservatif puissant a été peu à peu dédaigné, puis décrié et enfin repoussé de la pratique usuelle : et alors on a vu les Névropathies, les lésions Viscérales, la Phthisie, la Folie et le Cancer, s'étendre et se propager partout et menacer certaines populations d'une dévastation irrémédiable.

On peut annoncer à ces populations dévastées qu'il existe un moyen tout à la fois agréable et certain pour les protéger et les sauver.

Les eaux minérales en effet peuvent remplir l'office d'un émonctoire ; et à l'avenir aucune délicatesse ne pourra s'offenser d'un dérivatif et d'un préservatif qui rappelle ces eaux si célébrées jadis et dans lesquelles les Nymphes et les Déesses venaient se reposer de leurs jeux et puiser des forces nouvelles : les eaux minérales comprises comme nous l'avons fait avec leurs actions pathogénétiques.

Les eaux minérales agissent de deux manières ; tantôt, et c'est le cas le plus commun, elles réveillent la
nature opprimée, elles la soutiennent et l'excitent à reprendre les éliminations, les dépurations et les reconsti-
tutions interrompues; tantôt elles s'ajoutent directement
à cette nature pour en doubler, en quintupler s'il le faut
les facultés vitales : comme une huile merveilleuse, elles
rallument le flambeau de la vie qui ne donnait que des
lueurs pâles à demi éteintes.

C'est à la suite de ces étonnants phénomènes que les
anciens élevèrent des autels et des sanctuaires où ils venaient tour à tour implorer ou remercier la divinité qui
semblait présider à la source miraculeuse.

Ces asiles, réservés pour le recueillement, les invoca-
tions et les actions de grâces, ont disparu. Une invа-
sion..... de gens bien portants est venue, bouleversant
de fond en comble l'ancienne économie des stations minérales, portant le renchérissement de tous les côtés,
encombrant et obstruant tous les passages, s'emparant
des meilleures places et ne laissant aux malheureux ma-

lades qn'une installation médiocre ou horriblement oné-
reuse.

Et comme pour ajouter aux difficultés du jour, malades et bien portants arrivent dans le même mois, dans
la même semaine pour repartir tous ensemble. Eh !
qu'importe le beau temps aux premiers ! C'est de l'opportunité, morbide qu'ils devraient se préoccuper exclusive-
ment ! Les routes seront plus belles, le ciel plus serein,
le voyage plus commode, la compagnie plus nombreuse,
mais sera-t-il facile dans ces deux mois de juillet et
d'août si ardemment souhaités, de faire naître et de
maintenir longtemps, sans propager l'incendie tout autour, cette fièvre médicatrice sans laquelle on ne peut
rien ?

C'est l'automne au contraire qui devrait être préférée
pour les grandes médications minérales en particulier,
l'automne époque de rémission, de calme, d'alanguisse-
ment pour tout ce qui vit et de défervescence pour les
maladies, l'automne et la première moitié de l'hiver.

Nous avons déjà donné une idée de la fièvre médica-trice. Le point important, essentiel c'est que cette fièvre se développe parallèlement à la fièvre morbide et qu'elle ne se confonde jamais avec elle. Sinon tout est à refaire ; trop heureux alors si on s'est arrêté à temps et si on n'a pas aggravé l'état du malade.

Une fois la nature remontée et remise en possession de son ancienne autorité et de sa puissance sur les divers organes de dépuration et de reconstitution, il ne suffira pas d'alimenter seulement la fièvre médicatrice, il faudra aussi surveiller les dispositions, les capacités, les suscep-tibilités et les défaillances de ces organes. Souvent il faudra peser plus sur l'un que sur les autres ou passer alternativement des uns aux autres ou enfin faire halte et prendre du repos.

Car on arrivera rarement tout d'une traite jusqu'au but. Il va sans dire que nous n'avons pas en vue, en parlant ainsi, ces affections superficielles, de date récente et qui ne sont qu'un jeu pour les eaux minérales, mais ces affections anciennes, profondes, de toute la substance et qu'il faut absolument arrêter ou guérir si on ne veut pas en mourir.

Nous n'oserons pas affirmer que toutes les maladies réputées graves ou incurables ne sont que des affections régressives ; mais notre conviction est qu'elles ne sont pas autre chose. On compte par milliers les tuberculoses guéries par les eaux minérales ; on compte déjà par centaines les cancers d'estomac.

Ce que nous redoutons le plus ce n'est pas la maladie, c'est le malade.

Toutes les eaux minérales étant excitantes, révulsives, dépuratives et reconstituantes, quoique à des degrés inégaux, leurs procédés à toutes étant les procédés mêmes de la nature, le plus important est de savoir s'en servir. L'expérience, le temps et des appropriations successives ont consacré des spécialisations que tout le monde connaît ; cependant il faut savoir que, même dans ces spécialisations correctement indiquées, (quant à l'indication principale), on rencontre assez souvent des idiosyncrasies, des antipathies organiques insurmontables.

Heureusement que partout aujourd'hui on peut se procurer les meilleurs types des cinq grandes divisions minérales : l'alternance en boisson a rendu plus d'une fois de grands services. Bien des malades désespérés de repousser invinciblement une eau qui leur avait été conseillée et vantée ont été ramenés ainsi à la confiance et à l'espérance.

A l'exception de quelques eaux très-faiblement minéralisées (3 et 4 centigr. par litre) et plus heureusement minéralisées parce que leur composition se rapproche davantage de celle de nos humeurs, la plupart des eaux minérales sont excessives et outrées. Dieu, après avoir créé le monde, y plaça l'homme « *ut operaretur eum.* » Les eaux minérales, quelque bien douées qu'elles soient, relèvent de son empire comme tout le reste : il n'a pas à les subir, ce qui serait une offense, mais à se les approprier pour son usage, comme il s'est approprié le blé dont il a fait le pain, la vigne dont il a fait le vin, la houille dont il a fait des parfums suaves, des couleurs chatoyantes et de la lumière resplendissante, comme il s'est approprié enfin tout ce qui rampe sur la terre et jusqu'à la foudre qu'il a tirée de la nue.

Il a bien fallu, pour ne pas déconsidérer définitivement telle grande station minérale de France, y couper
largement l'eau avec du lait ou du petit-lait. Il faudra
bien, de plus, dans telles autres stations, qu'on en
vienne à l'alternance et à la combinaison de plusieurs
eaux minérales.

Ne sait-on pas que si toutes les eaux ont à peu de
chose près les mêmes actions vitales, elles ne répondent
pas toutes aux mêmes besoins organiques ?

L'eau sulfureuse, qui est la plus puissante de toutes
et celle qui a la plus longue portée, est constipante et
congestionnante. Comment protéger les organes ? Par le
coupage avec le lait ? Certaines administrations répudient
ce secours, puisque dans leurs buvettes on ne trouve
aucune bête laitière, ni vache, ni chèvre, ni brebis, ni
jument ou anesse. Par le bain de pied ? Au-dessus de
40° il agace le système nerveux, il trouble la circulation et dans tous les cas son effet est superficiel et fu-
gitif. Par l'emploi des purgatifs pharmaceutiques et la
suspension de l'eau ? Ce sont une ou plusieurs journées
sacrifiées et la fièvre médicatrice interrompue.

3

Si, au contraire, le malade prenait l'eau sulfureuse largement coupée ou si, simultanément, il prenait chaque jour, au saut du lit, un peu d'eau chlorurée qui tiendrait doucement ouverts tous les émonctcires de l'économie, il n'y aurait ni constipations ni congestions et dans notre seconde manière nous aurions une force médicatrice de plus, celle de l'eau chlorurée.

Les Générations qui nous ont devancés dans la Carrière nous ont laissé de si merveilleuses appropriations dans les choses qui sont à notre usage que nous avons perdu jusqu'au sentiment des conditions primordiales dans lesquelles ces choses mêmes se trouvaient à l'origine du monde. Qui est-ce qui songe que tout ce qui nous entoure est artificiel et porte l'empreinte de cet artisan de génie (artifex) qu'on appelle l'homme? Est-ce que le pain serait un produit naturel? Et ces raisins délicieux, ces vins « délectables » et leurs dérivés, que d'intelligence et de travail, que « d'artifices » n'a-t-il pas fallu pour les tirer de cette grappe primitive ou « naturelle, » sauvage ou « naturelle, » chétive et maigre et au suc âpre et acerbe? Et ainsi de tous les fruits, de toutes les plantes, de toutes les fleurs. Le cheval anglais, l'étalon arabe, le bœuf de la Normandie et du Charollais, la poularde de la Bresse, le chapon du Mans, le faisan pris à point, piqué et glacé à la financière, ne sont-ils pas des produits artificiels ? Et cette atmosphère que nous respirons et jusqu'à l'eau de nos fontaines, est-ce qu'elles n'ont pas été assainies et améliorées par la culture raisonnée du sol, comme on peut le voir dans notre Algérie ?

Ainsi en l'an 5656 de la Création tout à peu près est artificiel ou humain excepté les eaux minérales. Dieu a dit un jour à l'Océan : tu n'iras pas plus loin et tu ne dépasseras pas le grain de sable que voilà. Sulfurées sodiques ou calciques, Chlorurées sodiques ou sulfureuses, Bicarbonatées sodiques, calcaires ou mixtes, Sulfatées sodiques, calcaires, magnésiennes ou mixtes, Ferrugineuses simples ou manganésiennes, Iodurées, Bromurées, Arséniquées, Silicatées, etc., peu ou prou, les eaux minérales sont-elles destinées à jouer vis-à-vis de l'homme le rôle du grain de sable vis-à-vis de l'Océan et à arrêter court le grand Artisan, ce brasseur, ce transformateur et cet appropriateur de la Matière, que Dieu avait envoyé exprès, « *posuit in mundum,* » et qu'il se complaisait à regarder faire, « *quod esset bonum ?* »

La plupart des eaux minérales se conservant parfaitement en bouteille, les malades qui seront retenus chez eux pourront y suivre un traitement aussi bienfaisant qu'à la source même. Les eaux minérales naturelles en boisson et les bains minéraux artificiels pourront également remplacer l'hibernation dans des climats plus doux pour les personnes qui n'auront ni assez de loisirs, ni assez d'or pour fuir la saison des frimas.

La question de la dose des eaux minérales a préoccupé tous les malades, les pires (si on veut bien nous passer cette expression) et les meilleurs, les extravagants comme les plus sages ; mais à l'exception de ceux qui ne peuvent pas faire autrement ou de ceux qui en ont déjà pâti, bien peu se conforment à la prescription du médecin. Et bientôt « l'excitation devenant de l'irritation, celle-ci empêche ou arrête les éliminations qui seraient la résolution de la maladie ou, ce qui est pire, transforme notre remède excitant en un élément d'inflammation et de destruction. » Alors tout est à recommencer ou le malade s'en retourne comme il était venu.

Il ne faudrait pas confondre la fièvre médicatrice avec la fièvre thermale. Sous cette expression de fièvre thermale on comprend, on a voulu comprendre toutes les complications pathologiques qui naissent à la suite d'un excès ou d'une irrégularité dans l'administration des eaux minérales et qui disparaissent au bout de quelques jours par le fait seul de la suppression de ces mêmes eaux. C'est de « l'excitation » devenant de « l'irritation, » de « l'inflammation. » On a été trop vite, on s'est heurté à une idiosyncrasie non soupçonnée, etc., etc. Généralement le malade en est quitte pour quelques journées de perdues ; il est assez rare que toute la saison en soit compromise ; plus rare encore que la mort s'ensuive.

Dans la fièvre médicatrice il n'y a rien de véritablement pathologique : les urines peuvent être plus chargées et critiques, mais la miction est facile et le rein n'est pas douloureux : les matières fécales peuvent être plus abondantes et plus féculentes, mais il n'y a pas de diarrhée : les hémorroïdes (dérivatif salutaire et l'objet d'une répulsion insensée) peuvent survenir, mais elles seront fluentes : le malade peut se moucher plus souvent, mais il n'y a pas de coryza et il sent qu'il se fait une dépuration de ce côté : il peut cracher plus souvent, mais sans effort et il sent également que cette expuition plus abondante et mieux cuite est un bénéfice des eaux : le sommeil est plus réparateur et l'appétit est meilleur (ce qui ne veut pas dire plus grand), l'espérance revient au cœur de celui qui l'avait perdue : en un mot la véritable fièvre médicatrice n'est qu'un « remontement général. »

Le « remontement » accompli la nature pourra reprendre, dans les cas où cela sera bon, ses évolutions diathésiques ou autres, mais ces évolutions n'auront rien de commun avec la fièvre médicatrice dont le rôle est fini.

La fièvre thermale est très-commune ; néanmoins bien des guérisons se font en dépit de ses trop fréquentes irruptions à travers la fièvre médicatrice.

Il n'y a que cette dernière fièvre et le temps qui fassent les rajeunissements et les résurrections.

Ce n'est pas à la quantité d'eau qu'on peut avaler qu'il faut prendre garde, c'est au travail d'élimination, de dépuration et de reconstitution qui va suivre. On a bien soin quand il s'agit de l'arsenic de veiller soi-même à l'exiguïté de la dose : que n'en fait-on autant pour les eaux sulfureuses, par exemple? Le dosage est aussi important dans un cas que dans l'autre.

En général, le minimum peut être représenté par une cuillerée à bouche d'eau sulfureuse coupée avec deux ou trois fois autant de lait, prise le matin et le soir et concurremment avec un bain de pied : le maximum du début peut se composer d'un bain entier d'un quart d'heure suivi d'un quart de verre d'eau coupée de lait également; avec autant de boisson le soir, si le régime est bien ordonné.

On n'a pas d'idée dans le public de la puissance et de la brutalité des eaux minérales. Nous-même nous

ñous sommes fourvoyé plusieurs fois pour notre propre
compte; c'est assez montrer que nous sommes suffisam-
ment édifié à ce sujet.

« Lorsque les malades se trouvent rendus aux eaux
qui leur ont été indiquées, ils ne doivent point en commencer l'usage avec trop de précipitation; ils doivent
se livrer durant quelques jours au repos et se délasser
préalablement d'une route qui a été trop fatigante pour
leurs organes. D'ailleurs n'y a-t-il pas quelquefois des
remèdes préparatoires dont on ne saurait s'affranchir
sans inconvénient? » (ALIBERT)

Nous n'insisterons en ce moment ni sur les pulvéri-
sations, ni sur les inhalations, ni sur les gargarisations.
Nous nous bornerons à dire que ces dernières ne doivent consister qu'en quelques gorgées d'eau minérale
projetées vivement au fond de la gorge et aussitôt reje-
tées. Nous ajouterons, au risque d'étonner quelques-uns
de nos lecteurs, que les gargarisations ne doivent être
employées qu'après que la fièvre médicatrice aura été
complétement établie : alors seulement on pourra solli-

citer les organes gutturaux (en réveillant ou en déconcertant la chronicité morbide) à entrer plus particulièrement dans ce grand et général mouvement de régénération qui vient de commencer. Aurait-on cru que l'eau minérale agirait directement et à la façon de nos réactifs chimiques? Aurait-on cru peut-être encore que ces Angines et ces Laryngites scrofuleuses, herpétiques, arthritiques, syphilitiques n'avaient que des racines superficielles? Leurs racines (nous ferons une exception pour les Laryngites et les Angines qui ne relèvent que de l'imagination, de la mode, de l'occasion, etc...) sont souvent plus profondément situées et fixées que celles de ce chêne que notre Lafontaine met en action et

« ..... de qui la tête au ciel était voisine »
« et dont les pieds touchaient à l'empire des morts ».

Les eaux minérales n'ont aucune « spécificité » d'action : c'est la nature seule qui agit et qui guérit. Elles possèdent bien l'incomparable faculté de réveiller, de remonter et de soutenir les forces centrifuges ou médicatrices, mais c'est la nature seule qui commande aux organes de dépuration et de reconstitution et rien ne se peut faire sans ces organes. Aussi tous les traitements minéraux qui ne sont pas suivis de mouvements criti-ques proportionnels sont nuls ou pernicieux.

Et c'est aussi parce que les eaux minérales n'ont aucune « spécificité » d'action que des eaux si diverses de composition ont la même réputation thérapeutique. Prenons la Phthisie. Nous trouverons parmi les stations les plus réputées et les plus fréquentées : Eaux-Bonnes, Cauterets, Amélie, le Vernet, Bagnols, Aix en Savoie (sulfurées sodiques) ; Allevard, Enghien, Pierrefonds (sulfurées calciques) ; Ems, Mont-dore (bicarbonatées sodiques) ; Royat (bicarbonatée mixte) ; la Bourboule, Kissingen, Kreusnach, Soden (chlorurées sodiques) ; etc.

L'industrie (*auri sacra fames*) a fait de certaines eaux minérales des eaux plus particulièrement purgatives ou diurétiques ou sudorifiques et béchiques etc... Ces spécia-lités d'action, qui séduisent toujours le vulgaire, ne peuvent répondre qu'à des besoins superficiels et à des maladies sans profondeur. Les meilleures eaux minéra-les sont celles qui ne font que solliciter et soutenir la

nature (avec le secours de l'art) sans jamais la violenter
dans ses procédés. Ici, devrait-on lire sur tous les fron-
tons des établissements thermaux, ici, surtout. « Plus
fait douceur que violence. »

Nous avons déjà dit que toutes les eaux minérales ont
à très peu de chose près la même et commune action
vitale : mais les unes agissent un peu plus sur le foie,
d'autres sur le rein, d'autres encore sur la muqueuse
intestinale, sur la muqueuse pulmonaire, sur la peau,
sur la lymphe, sur le sang, etc. ; et c'est parce que ces
diverses eaux minérales n'ont que des actions organiques bornées qu'aucune d'elles, comment qu'on la dose
et qu'on la coupe, ne peut répondre à tous les besoins
d'une maladie de toute la substance.

Nous allons mieux nous expliquer par un exemple.

Revenons à notre tuberculose goutteuse que nous
avons citée au commencement de cette brochure.

Le produit diathésique goutteux a plus ou moins
longtemps séjourné dans les humeurs avant de se
décharger sur le poumon; propageant à la façon d'un

poison septique, l'irritabilité partout, irritabilité telle
qu'elle a fait appeler la tuberculose pulmonaire le *noli
me tangere* de l'organe respiratoire.

Le malade a choisi une station sulfureuse; l'eau est
dosée ou coupée selon toutes les susceptibilités, capacités, idiosyncrasies et, sous l'influence de la fièvre médicatrice, la peau et la muqueuse pulmonaire commencent
les éliminations qui leur sont propres. Mais tout est
irritable chez notre malade et l'excitation quelque ména-
gée et graduée qu'elle soit confinera bientôt à l'irritation
et celle-ci à l'inflammation. A la plus légère apparence
d'irritation il importera donc de passer à un autre
organe de dépuration pour revenir aux deux premiers
ou passer à un troisième, à un quatrième ; le médecin
ayant toujours les yeux sur son malade, et le malade,
qui a été initié à toutes les nécessités et à toutes les péripéties de la médication, étant toujours à l'affût de tous
les phénomènes indicateurs et révélateurs.

De la sorte et de dépurations en dépurations on épui-
sera la dyscrasie goutteuse et, les forces se reconsti-
tuant à mesure, le moment viendra où, par des révulsifs
locaux, on pourra travailler à cicatriser les ulcérations

tuberculeuses du poumon et compléter la guérison.

On comprendra mieux maintenant sans doute pourquoi nous avons déjà écrit que « la revivification et une localisation propre à chaque diathèse seront le couronnement de la médication et le triomphe de l'art. »

On comprendra mieux aussi pourquoi une seule et unique eau ne peut pas répondre à tous les besoins d'une maladie si elle est quelque peu ancienne et profonde.

Mais de quel poids et avec quelle autorité ne faudra-t-il pas peser sur les malades pour les amener à moins se préoccuper de consommer de l'eau minérale de la station qu'ils ont choisie que d'arrêter ou de guérir leurs maladies !

Ne dirait-on pas que pour la plupart d'entre eux l'eau choisie ou indiquée est un but plutôt qu'un moyen ?

Les malades savent comme d'instinct que la plupart des maladies ne sont que le résultat, qu'une excrétion d'une dyscrasie humorale lentement formée dans l'économie. Et cependant chacun répugne à donner assez de

temps pour épuiser cette dyscrasie, assez de temps pour
refaire la crase des humeurs, assez de temps enfin pour
restaurer les organes (poumon, larynx, etc.) sur lesquels
la diathèse avait régressé.

Du temps ! qui songerait à en donner assez, si ce
n'est, hélas ! quand il nous échappe sans retour !

Nous n'ignorons pas que les malades en général s'ac-
commoderaient beaucoup mieux de la « spécificité » d'action des eaux minérales. On n'aurait ainsi, au plus fort
des chaleurs, qu'à se rendre dans ces régions tempérées
que la nature et l'art ont embellies et, au milieu des
distractions mondaines, des ris et des jeux, avec quelque ponctualité au bain et à la table, à la buvette et au
casino, on s'y désintéresserait de toutes les viciosités
humorales dont nous avons parlé, après s'en être dé-
chargé sur cet « émissaire » d'un nouveau genre.

Nous n'ignorons pas que nous allons bouleverser les
idées de ces pratiquants des eaux pour qui boire d'un
trait (ils n'oseraient pas en faire autant d'une simple
potion gommeuse), se baigner, s'inhaler, se pulvériser
et se gargariser est tout le traitement ; traitement auto-
matique, mécanique, machinal, s'il en fût, et qu'on au-

rait pu faire faire par procuration.

Et voici qu'il faudrait s'observer, examiner ses fonctions de reconstitution et de dépuration, s'essayer au dynanomètre et se vérifier au pesage, suivre quelques gorgées d'eau dans toutes leurs actions, réactions et pérégrinations, chercher une « épine métaphorique, » s'occuper d'un traitement minéral autant que d'un traitement pharmaceutique ordinaire et cela pendant des mois et des années ! pour effacer, par exemple, une couperose qui n'a mis que dix ans, vingt ans au plus à affleurer sur un visage, il faudrait plus qu'une ou deux excursions dans les Alpes, dans les Pyrénées ou dans les montagnes de l'Auvergne et du Jura ou dans les belles et plantureuses vallées du Bourbonnais, du Dauphiné et autres !

Dura..... necessitas, sed necessitas.

Après avoir dit quelques mots sur la « non spécificité » des eaux minérales et sur leurs « spécialités organiques » nous dirons quelques mots sur la « valeur spéciale » de certaines altitudes balnéaires au sujet de la maladie que nous avons plus particulièrement en vue, de la Phthisie.

Bien de nos lecteurs savent que la densité de l'air diminue à mesure que l'on s'élève dans l'atmosphère et que la quantité d'oxygène, gaz respirable par excellence, le vrai *pabulum vitœ*, diminue en proportion ; si bien qu'à de certaines hauteurs la vie ne serait plus possible.

Quand l'homme monte du bord de la mer vers les montagnes, le poumon ne trouvant plus tout son aliment habituel, les autres organes, en vertu de ce qu'on appelle la synergie vitale, font effort pour le suppléer ; le foie, le rein, la rate, la glande thyroïde redoublent ou reprennent leurs facultés de transformation et, peu à peu un balancement fonctionnel s'établissant, la vie est régularisée à nouveau.

Seulement à une certaine altitude cette nouvelle vie, par la prédominance de la circulation veineuse et de la circulation lymphatique, se rapproche de celle du Fœtus. De là viennent les goîtres et les cous goîtreux qu'on remarque dans les vallons abrités des montagnes, en particulier ; de là vient que dans ces mêmes hauteurs la Phthisie n'est pas connue, puisque le poumon n'y joue qu'un rôle effacé.

On a beaucoup écrit sur les montagnes et pour y appeler les touristes et pour y appeler les malades ; la meilleure des habiletés est et sera, quoiqu'on en pense, la vérité, même la vérité sans phrases.

Voulez-vous, dirons-nous à ceux qui ont les poumons fatigués ou malades, voulez-vous une atmosphère riche, pénétrante et puissante, mais qui a ses dangers pour vous, ou une atmosphère pauvre et indolente malgré sa crudité, mais dans laquelle le repos pulmonaire est assuré ? dans le premier cas, arrêtez-vous sur les bords de la mer et dans la plaine ; dans le second, montez à 500, à 1,000 métres et plus : *suum cuique.*

Au reste qu'on regarde et les hommes et les bêtes et les fleurs et les fruits que la plaine et que la montagne portent et nourrissent : l'oxygène est à l'organisme ce que le Soleil est à la Nature ; il purifie, il conserve, il féconde, mais parfois aussi il est funeste.

A nos lecteurs nous souhaiterons encore (après l'exacte compréhension de ce que nous avons eu l'honneur d'exposer) pendant l'été notre Océan avec ses brises rafraîchissantes et chargées de substances salines ; pendant l'automne les vallons abrités des Pyrénées attiédis par les vents du sud et du sud-ouest et dans lesquels la Providence a prodigué les eaux sulfureuses ; pendant l'hiver notre Méditerranée avec son soleil et sa couronne d'orangers et de citronniers (à l'exception des Sanguins et des Bilieux irritables dont la place marquée est à Pau et dans ses environs); enfin pendant le printemps l'Italie avec ses monuments, ses musées, ses ruines et les souvenirs qu'elles rappellent : les grands souvenirs calment les passions, congestives de l'organe pulmonaire, et ils contribuent ainsi à la guérison.

RÉNOVATION HUMAINE

« Un pauvre qui est sain et qui a des forces vaut
mieux qu'un riche languissant et affligé de maladies.

« Il n'y a point de richesses plus grandes que celles
de la santé du corps, ni de plaisir égal à la joie du
cœur. Un corps qui a de la vigueur vaut mieux que
des biens immenses.

« Des biens cachés dans une bouche fermée sont comme un festin autour d'un sépulcre.

« Que sert à l'idole l'oblation qu'on lui fait, puisqu'elle ne peut manger, ni sentir l'odeur.

« Tel est celui qui porte la peine de ses viciosités ou de celles de ses ancêtres, qui voit les viandes de ses yeux et qui gémit comme un eunuque qui embrasse une vierge et qui soupire. » (*Ecclésiaste*)

« Il y a dans la constitution des maladies chroniques et héréditaires un principe essentiel qui les sépare des maladies aiguës par une différence de nature autrement profonde que leur marche et leur durée comparée..... elles ne sont pas éliminatrices de leurs propres causes. »

Dr PIDOUX.

Les maladies invétérées, les affections qui ont pris, si l'on peut s'exprimer ainsi, droit de domicile, la Force médicatrice les termine tantôt par des évacuations salutaires et spontanées; tantôt par des convulsions où l'action irrégulière de tout l'organisme annonce la crise ; quelquefois enfin par les réactions puissantes de l'état fébrile. (DUMAS, de Montpellier)

Si les excès de tous genres, si les passions oppressives diminuent la puissance de la Force médicatrice, les maladies peuvent revêtir ce caractère de malignité et d'ataxie qui est l'effroi de tous. Ce qui explique le sens profond de ces paroles du livre de l'*Imitation* : « L'homme devrait tendre, de jour en jour, à devenir plus fort. » (DEVAY)

« La Force médicatrice (BLUMENBACH) est la cause
efficiente de tout acte conservateur et reproducteur :
après avoir présidé à l'évolution de l'homme, elle de-
meure toute la vie inhérente à l'organisme dont elle répare les dégradations, comme celles d'un édifice.........
Elle est aussi comme une sentinelle qui veille à l'exté-
rieur et à l'intérieur d'une place.

« Lorsque cette Force faiblit, l'économie est fortement
troublée; les sucs hétérogènes qui résultent soit des par-
ties des aliments qui n'ont pu être parfaitement élaborés,
soit de la décomposition que le corps éprouve en entier,
ne se portent plus vers les organes émonctoires natu-
rels : de là une véritable propension aux maladies chroniques et aux diathèses. » (DEVAY)

« Depuis les temps les plus reculés on a reconnu que
les causes morbides générales ne produisent pas les
mêmes effets sur tous les individus. La raison de cette
différence ne peut évidemment se trouver que dans la
variété de la Force médicatrice..... Cette Force tient stationnaires certaines prédispositions, en provoquant des
mouvements, des évacuations, des éruptions..... Cette

même puissance parvient, en certaines circonstances, à
effacer des prédispositions bien marquées.....

« La suppresion d'un suintement habituel, d'une petite plaie, d'un simple cautère, de quelques éruptions
cutanées, de combien de suppurations viscérales n'a-t-
elle pas été la fatale cause?

Pujol cite l'exemple de plusieurs personnes prédis-
posées héréditairement à la Phthisie et sujettes à des
éruptions diverses se faisant irrégulièrement sur le front,
sur le reste du visage ou du corps ; le poumon resta
sain tant que ces éruptions se firent, mais quelques-
unes d'entre ces personnes ayant voulu se défaire complétement de cette importune infirmité, elles tombèrent
dans une phthisie incurable; celles, au contraire, qui
laissèrent l'éruption venir à son habitude, devinrent
très-âgées, et, dans leur âge mûr, éruption et prédisposition à la Phthisie, tout avait disparu.

« Rien n'est plus ordinaire que les prédispositions
développées ou hâtées par la suppression d'une sueur
habituelle ou abondante des pieds..... Certaines manifestations dartreuses effacées sans précaution ont donné
lieu à des hydropisies, à des rhumatismes localisés sur
le cœur, etc..... Il peut arriver aussi que la Force mé-

dicatrice n'agisse pas, étant empêchée par des circonstances tenant au milieu ou au sujet : le médecin doit
alors éloigner ces circonstances, et la nature prend le
dessus..... L'écoulement hémorroïdal peut tenir une
foule de diathèses à l'état de simple prédisposition... »

Dr EYMARD, *thèses de Montpellier*.

« Si la phthisie est plus fréquente aujourd'hui qu'elle
ne l'était autrefois, sa plus grande fréquence ne pour-
rait-elle pas être due au préservatif de la variole ? les
anciens n'auraient-ils pas eu raison de regarder celle-ci
comme une fièvre dépuratoire ?...

« Le docteur Verdé de Lisle a publié une brochure,
en 1859, dont le but est de prouver que le virus-vaccin
dérange les fonctions de la circulation lymphatique et
s'oppose ainsi à la sortie d'une humeur naturelle. Ce
médecin appuie d'ailleurs sa proposition de faits qui
donnent d'autant plus à réfléchir qu'ils ont plusieurs
analogues dans la pratique de quiconque ne s'en laisse
pas imposer par la crainte d'être en contradiction avec
une opinion accréditée et généralement admise.

« Parmi les faits rapportés par M. Verdé de Lisle,
le plus remarquable est celui de son propre fils qui, at-

teint de phthisie tuberculeuse bien constatée par l'aus-
cultation, fut guéri par une variole que M. Verdé de
Lisle lui fit contracter tout exprès, ayant lui-même observé que sa constitution s'était fortifiée à la suite de la
même maladie, contractée en autopsiant un varioleux.
Fouquet a consigné, dans son *Traité de la petite vérole*,
un cas de guérison obtenue par Loob, à l'aide de l'inoculation, chez un enfant de douze ans tombé dans la dé-
mence et devenu en même temps noctambule, exténué
par des sueurs froides continuelles : la guérison fut ra-
dicale, car l'enfant ne cessa depuis lors de jouir de la
santé la plus robuste. Rœderer a vu également un enfant de trois ans, entièrement stupide, sans mouvement
comme sans idée, né d'ailleurs d'une mère imbécile,
guéri par l'inoculation. Et ces guérisons s'expliquaient
par la fièvre dépuratoire qui suit la variole et que la
vaccine est incapable de déterminer. »

A. CHRESTIEN *(Thèse pour le professorat)*

« ..... J'ai recueilli tant de faits de plus en plus con-
firmatifs de l'antagonisme de la fièvre typhoïde et de la
phthisie, qu'aujourd'hui je n'ai plus de doute à cet
égard... Je vois tous les jours les broncho-pneumonies

et les catarrhes bronchiques propres à la fièvre typhoïde survivre longtemps à la résolution de tous les autres états morbides de cette grave pyrexie dans ce qu'on appelle sa forme pectorale. Les malades maigrissent. On perçoit des bruits morbides disséminés et à grosses bulles quelquefois très-retentissantes et comme métalliques, surtout si les poumons ont gardé un peu d'infarctus lobulaire. J'ai vu cet état persister plus d'un mois. Si, antérieurement à la fièvre typhoïde, le sujet est affecté, comme cela est fréquent, d'une susceptibilité catarrhale des bronches marquée ; si à cet antécédent personnel s'ajoute, ce que j'ai observé bien des fois, l'antécédent héréditaire d'un père ou d'une mère suspects de tuberculose pulmonaire ou ayant déjà succombé à cette maladie, on ne peut se défendre de la crainte d'une phthisie imminente ou déjà commencée.

« Eh bien, j'avoue qu'après avoir éprouvé bien des fois cette crainte, j'en suis depuis longtemps tout à fait délivré lorsque des cas pareils s'offrent à mon observation, car je ne l'ai pas vue se réaliser une seule fois. Cependant les cas que je viens de signaler se sont produits sous mes yeux plusieurs centaines de fois dans l'espace de quarante ans.

« Que serait-il arrivé, si ces sujets, au lieu d'avoir une fièvre typhoïde, avaient eu une rougeole ou une coqueluche?... Certes, la bronchite morbilleuse et celle de la coqueluche ne paraissent pas affecter plus profondément les bronches et les poumons que ne le font les broncho-pneumonies de la fièvre typhoïde... Il est vrai que la fièvre typhoïde est bien plus féconde que les deux autres en plegmasies disséminées qui égalisent les actions morbides et les centres de fluxion..... que la rougeole et la coqueluche sont bien moins critiques et bien moins récorporatives, que la fièvre typhoïde, lorsque celle-ci se termine franchement.

« Il est certain, en effet, que la fièvre typhoïde, surtout quand elle prend la forme inflammatoire putride et qu'elle se termine bien, est souvent une occasion de métasyncrise et d'évolution salutaire pour l'économie entière chez beaucoup d'adolescents ou de jeunes gens, et que, comme le pense Sydenham, on dirait que son issue heureuse change heureusement la crase du sang, *ut sanguis in novam diathesim immutetur*. S'il en était ainsi, on concevrait qu'elle fût plutôt pour la nutrition un moyen d'assainissement et de vigueur nouvelle que de discrasie, d'appauvrissement et de dégradation.

« ..... Je n'hésiterais pas, si on pouvait inoculer la
fièvre typhoïde (f. dépuratoire et récorporative), à essayer
de la transmettre artificiellement aux phthisiques d'un
degré peu avancé. »

Dʳ PIDOUX. *(Études sur la Phthisie.)*

(Dans ce même ouvrage, qu'on ne saurait trop lire et
méditer, M. le Docteur Pidoux s'étend longuement sur
les diverses maladies antagonistes de la phthisie. Ces
maladies ne seraient-elles pas pour la phthisie les analogues de ces phlegmasies disséminées qui égalisent les
actions morbides et les centres de fluxion dans la fièvre
typhoïde? ou mieux encore ne seraient-elles pas des
épines métaphoriques ou des produits diathésiques déviés,
que la puissance médicatrice repousse et dissémine loin
de l'organe capital, le poumon?)

Ainsi,

les maladies chroniques ne sont pas « éliminatrices » de
leurs propres causes ;

la « Force médicatrice » tient stationnaires et efface
même des prédispositions bien marquées, elle conserve,
préserve et répare l'organisme, elle peut terminer les
maladies invétérées et c'est de sa faiblesse que naissent
les affections chroniques et les diathèses ;

la variole et la fièvre typhoïde « dépuratoires et récorporatives » préviennent ou guérissent la Phthisie, refont
les constitutions :

les facultés médicatrices, dépuratoires ou éliminatrices,
reconstituantes ou récorporatives des eaux minérales
étant inépuisables l'humanité est « donc » en possession
d'une panacée pour ses maladies chroniques et d'une
panacée pour sa rénovation.

Mais chacun, en nous lisant, a pu comprendre et a
pu se convaincre combien les neuvaines, les quinzaines
et les vingt-et-un jours sont absurdes et ridiculement
insuffisants pour guérir des maladies invétérées ou pour
prévenir les maladies graves en refaisant toute la crase
des humeurs, *ut sanguis in novam diathesim immutetur.*
C'est pendant des mois entiers et des années entières
(on ne saurait le crier trop haut) qu'il faudrait suivre les

divers traitements minéraux, dans les cas où cela serait
nécessaire. Que signifient ces traitements annuels ou
bisannuels? Est-ce avec cette intermittence et ces pous-
sées qu'on soigne les maladies aiguës? Ou croirait-on le
danger moins pressant? c'est un terrible hôte qu'une
maladie, quelle qu'elle soit !

Grâce au monopole de l'État (notre *desideratum*) une
première question pourrait être résolue, celle de la médication minérale générale à domicile, par une diminution de la moitié ou même des deux tiers du prix du
remède. Cette diminution serait vitement compensée par
une formidable expédition d'eaux en bouteille sur tous
les points de la France : en outre toutes celles qui se
perdent seraient utilisées. Tandis que le monopole répan-
drait ses premiers bienfaits, les malades riches ou aisés,
revenant à une meilleure conception du traitement minéral, feraient des séjours moins écourtés dans les stations ;
les saisons se prolongeant, les exigences des logeurs,
des maîtres d'hôtel, etc.... seraient moins écrasantes et
moins meurtrières, les installations moins spécieusement
confortables, la nourriture et les boissons surtout, vins,
eau-de-vie, café, moins étranges et moins hostiles souvent pour l'estomac des baigneurs.

En attendant que l'État fasse ce qu'il aurait dû faire depuis longtemps, les malades devraient montrer plus de sens commun en ne demandant à cette « Force médicatrice » à cette « Fièvre dépuratoire et récorporative » que ce qu'elle peut donner dans la mesure du temps : encore une fois, *qui naturæ non obtemperat, naturæ non imperat.*

PARAPHRASE

DU

« DELENDA PHTHISIS »

DE M. LE Dr PIDOUX.

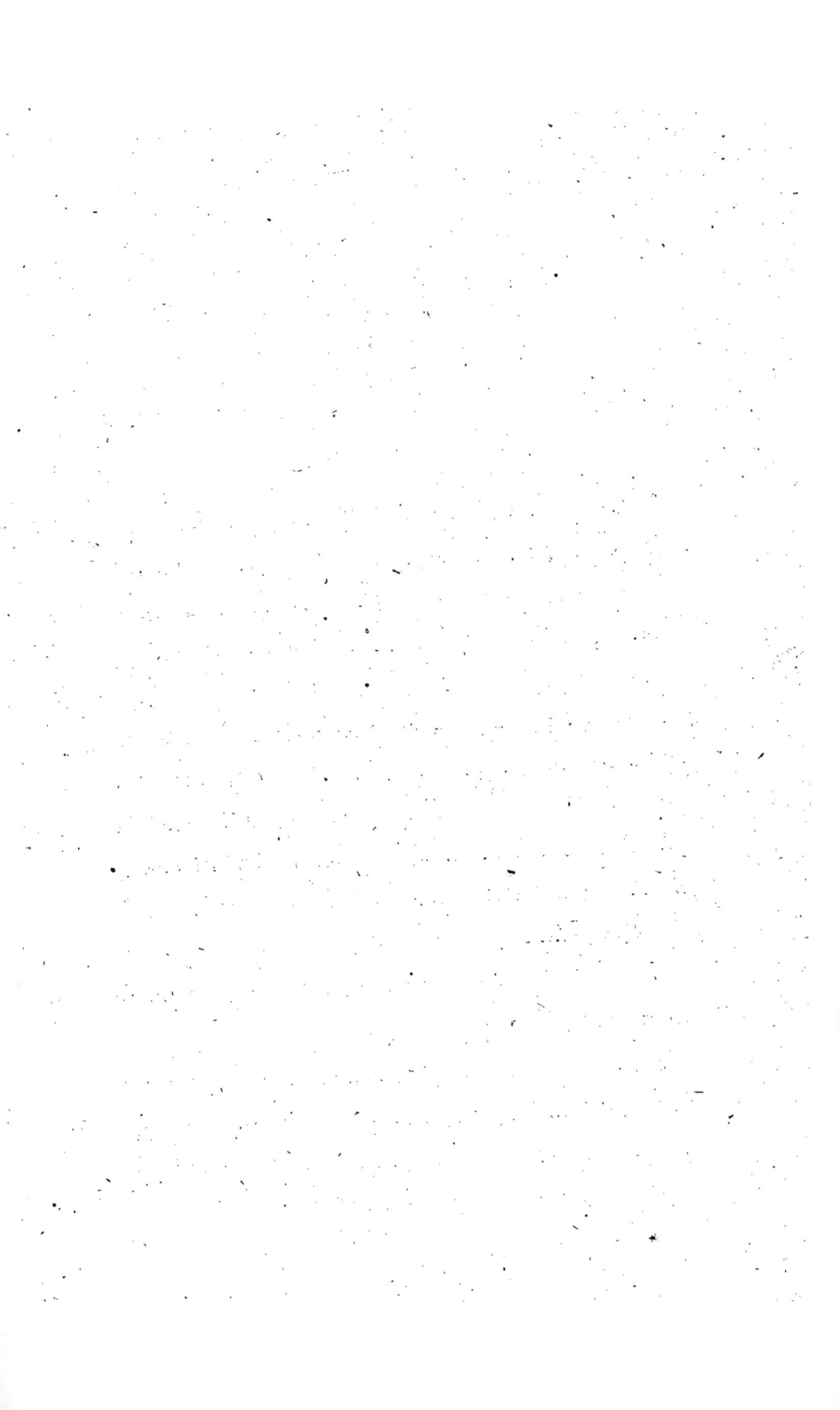

D'après les travaux les plus récents et les plus complets qui ont été faits sur la mortalité dans les différentes nations, la France, pour mille personnes décédées, à tout âge et dans les deux sexes, compte cent dix poitrinaires : le chiffre annuel de nos décès étant de neuf cent cinquante mille, nous perdons année commune cent cinq mille poitrinaires. Si on ne prend que cette période de la vie qui n'est comprise qu'entre l'âge de quinze ans et celui de trente-cinq, pour mille personnes, décédées dans les deux sexes, nous comptons quatre cents poitrinaires.

Les autres nations sont aussi éprouvées ; quelques-unes le sont même davantage.

On ne saurait donc assez rappeler que la Phthisie est devenue une calamité sociale, qu'elle constitue à elle seule un abominable fléau, que ni la peste, ni le choléra, ni toutes les autres maladies contagieuses ensemble n'ont jamais fait autant de victimes, que ce fléau est toujours présent et agissant et qu'il est chaque jour plus menaçant.

On ne saurait également assez rappeler que la plus générale et la plus féroce des maladies est cependant une de celles qu'on pourrait le plus facilement éviter et que toute sa fréquence et sa perpétuité ne proviennent que de notre ignorance, de notre incúrie, de nos imprudences.

Un grand médecin, le premier Phthisiologiste de notre époque, M. le docteur Pidoux, dans des ouvrages aussi profondément pensés que magnifiquement écrits, l'a déjà dit, « on peut, par conséquent on doit supprimer la Phthisie, *delenda Phthisis.* »

Et en réalité la Phthisie n'a aucun des caractères qui forment la gravité et la léthalité des maladies, à savoir : la Spécificité, la Contagiosité et L'Hérédité proprement dite.

La Spécificité c'est l'origine inconnue, mystérieuse d'une maladie, origine qui n'est particulière et propre qu'à cette maladie, exclusive de tout autre et qui exige la découverte d'un remède particulier, spécifique que le hasard seul peut révéler ou le génie d'un homme inventer. La Spécificité est un élément fâcheux et redoutable car, comme le sphinx de la fable, elle peut dévorer des millions d'individus en attendant qu'un nouvel Œdipe ou qu'un nouveau Jenner ne devinent ou ne domptent le monstre.

Dans la Phthisie, rien que des origines, des causes communes, vulgaires, ce sont : l'insuffisance de la nourriture, de l'exercice, de l'air pur, du soleil, les excès de toute sorte, la tristesse, le froid et les refroidissements, c'est-à-dire tout ce qui appauvrit la nutrition et diminue, compromet, altère les mouvements centrifuges ou de dépuration ; ce sont surtout ces multiples affections de nature arthritique, strumeuse, herpétique, syphilitique, etc., qui dégénèrent souvent et rétrogressent dans l'individu et dans la famille ou qu'on veut follement blanchir et masquer, dont on comprime et repousse les produits dyscrasiques qui tombent alors sur l'organe le plus ténu, le plus délicat, le plus surmené et le transforment en un émonctoire destructeur et fatal.

Le poumon transformé en un émonctoire ! nous recommandons cette expression nouvelle qui fait image. Pour en mieux marquer la portée nous ajouterons que

la race andalouse, des plus belles et des plus vigoureu-
ses mais entachée du vice dartreux, paie un large tribut
à la Phthisie depuis qu'elle a renoncé au traditionnel
émonctoire artificiel. Non pas que le cautère suffise à
tarir ou guérir la diathèse herpétique ; néanmoins il
préservait d'une atteinte mortelle les organes centraux,
le poumon en particulier, qui est le plus irritable et le
plus inflammable de tous.

Quant à la Contagiosité, elle n'existe pas davantage.
Un novateur a essayé dans ces dernières années de
prouver, par des expérimentations trop cherchées et
trop voulues, une contagion dont on ne parlait plus
dans aucune école. Si la Phthisie avait été contagieuse
on n'en disputerait pas, pas plus qu'on ne dispute sur
la contagiosité de la variole, de la scarlatine, du croup,
de la coqueluche; et la terre serait près d'être dépeu-
plée. Que l'on considère avec nous que l'imprégnation
contagieuse n'a besoin ni de quantité ni de temps, qu'un
atôme suffit et que son action est aussi rapide que la
pensée ; que l'on considère en outre que la maladie
dont il s'agit est aussi ancienne que le monde, horriblement fréquente, que ses évolutions sont longues, ses

productions purulentes et miasmatiques abondantes et pénétrantes et qu'elle exige les soins et les contacts les plus assidus.

Si encore on nous disait à quelle page des annales de la médecine on peut lire le nom d'un seul médecin qui ait contracté la Phthisie avec ses malades? si on nous donnait la liste des époux et des épouses qui ont été victimes de leur dévouement ; si on nous donnait la liste des mères? mais rien que des expérimentations, le scalpel à la main ; rien de clinique. Exigerait-on que dans cette dégénération générale ceux-là seuls qui soigneraient des phthisiques fussent épargnés ?

Infectieuse, elle l'est comme toutes les maladies à effluves et de nature purulente, gangréneuse ou septique.

L'Hérédité varie en intensité et en puissance. Nous n'avons pas à donner ici le tableau des maladies qui sont plus ou moins héréditaires ; il nous suffira de faire remarquer qu'on sait pertinemment que celles qui sont le plus souvent accidentelles sont aussi celles qui sont le moins héréditaires. Or, quoi de plus communément accidentel que la Phthisie? Quelle maladie a frappé des

coups plus imprévus ? N'avons-nous pas tous les jours
des exemples de son accidentalité chez le riche comme
chez le pauvre, chez le vieillard et chez l'adulte comme
chez l'adolescent ? et ces milliers de mobiles issus de
parents longèves, partis bien portants et rentrés poitrinaires dans leurs foyers, qu'avaient-ils si ce n'est une
Phthisie accidentelle ?

L'Hérédité est directe ou proprement dite quand elle
transmet le type primitif, amoindri ou non ; elle est indirecte si la maladie transmise dégénère à mesure, de-
vient protéiforme, tout en conservant le même fonds
diathésique, ce qu'il importe de ne pas perdre de vue.
Dans ce cas si la maladie n'est pas régénérée, revivifiée
et pour ainsi dire remontée, par un effort de la nature
ou de l'art, à sa vivacité première, elle aboutit à la
phthisie qui est la dernière évolution et comme la dernière étape de la dégénération. C'est dans ce sens seulement qu'on pourrait dire que la Phthisie est la plus
héréditaire des maladies puisque toutes les affections
constitutionnelles et diathésiques dégénérées peuvent y
conduire. Mais après la Phthisie elle-même, « il n'y a
« plus rien si ce n'est cette faiblesse des forces radicales
« et cette irritabilité pulmonaire qui en sont comme la

base et le fondement. »

On peut hériter indirectement de ses père et mère la Phthisie, on ne la transmet guère. Si l'on veut bien regarder autour de soi, et la chose en vaut la peine, on ne trouvera, à très-peu d'exception près, que des poitrinaires par hérédité indirecte.

Aussi on ne saurait trop s'élever contre l'espèce d'hérédité vulgairement comprise, tradition erronée, fataliste, funeste qui porte trop souvent à abandonner des malheureux à leur incurabilité prétendue et à les dévouer presque, comme dans l'antiquité, à un minotaure autrement insatiable et terrible.

Après avoir recommandé à l'attention du lecteur l'expression d'émonctoire pulmonaire, nous lui recommanderons également l'indication que nous venons de formuler, de revivifier, de remonter à leur vigueur première et partant de rappeler dans leur champ naturel d'actions et de dépurations les affections dégénérées.

« La Phthisie n'est pas une maladie qui commence mais une maladie qui finit. »

En résumé, la Phthisie n'est qu'une inflammation ('),
d'origine le plus souvent diathésique, à marche généralement chronique, avec production de pus dans les par-
ties profondes, interstitielles de nos organes, dans ce
qu'on a appelé le tissu nourricier ou conjonctif, se loca-
lisant de préférence sur le poumon. Pourquoi de préférence sur le poumon? Comment déterminer et préciser
l'essence même, le principe initial de cette inflammation, son épine métaphorique, selon une expression con-
sacrée? En quoi consiste la Prophylaxie de la Phthisie?
Par quelles médications, quand elle existe, en attaquer
et combattre les diverses formes ou variétés?

Hâtons-nous de dire qu'il a été amplement et victo-
rieusement répondu à ces délicates et importantes ques-
tions par l'illustre médecin que nous avons déjà cité et
nous répéterons, après lui, ces deux mots qui symboli-
sent aussi notre conviction et nos espérances « *delenda
Phthisis.* »

(*) On pourrait aussi définir la Phthisie, la stupéfaction et l'altération des propriétés nutritives du tissu
plasmatique ou conjonctif de nos organes par un produit diathésique dévié qui agit comme un poison septique. Cette stupéfaction et cette altération amèneront un
amaigrissement général et des productions hétérogènes,
dans le poumon, de préférence, sous la forme de tubercules celluleux et crus ou caséeux.

Sous l'influence du même poison ou par suite de la
résorption de ces hétérogénies, de nature pyoïde, des
réactions et des inflammations se manifesteront dans
toute l'économie, réactions et inflammations qui seront
spéciales ou tuberculeuses.

Jusqu'ici le double but du traitement a été de recons-
tituer les forces et d'apaiser les symptômes quand ils
sont trop menaçants. Mais apaiser n'est pas guérir ; et
quant à la reconstitution, par le régime, l'hygiène, le
climat et tous les moyens médicamenteux connus, on ne
l'a obtenue de la nature qu'alors que, peu opprimée,
elle a pu suffire elle-même à arrêter le mal ou mieux à
réparer les dégâts d'un mal épuisé. L'indication capitale

et primordiale de dépurer, d'attaquer le poison septique
(qui paralyserait tous nos efforts dans les cas graves),
cette indication, croyons-nous, n'a pas été encore bien
aperçue. On sait déjà, qu'à défaut des grandes fièvres
dépuratoires et récorporatives, nous avons sous la main
des moyens tout aussi puissants, plus lents à agir, il est
vrai, mais moins périlleux aussi.

Nous avons hâte de reconnaître que cette capitale
indication d'attaquer le poison septique (produit diathésique dévié) ressort clairement et forcément des magni-
fiques et substantiels chapitres que M. le docteur Pidoux
a consacrés aux maladies antagonistes de la Phthisie et
à l'importance qu'ont, dans l'évolution de cette maladie,
les revivifications des divers reliquats diathésiques.

178

www.ingramcontent.com/pod-product-compliance
Lightning Source LLC
Chambersburg PA
CBHW071238200326
41521CB00009B/1525